N O S S O   A M B I E N T E

ALIMENTOS TRANSGÊNICOS

Jen Green

Tradução de **Claudia Cabilio**

DIFUSÃO
CULTURAL
DO LIVRO

EDIÇÃO BRITÂNICA
Elaborada e coordenada por Aladdin Books Ltd.
213 Fitzroy Mews – Londres – W1T 6DF
Título original: *Genetically modified food*

CRÉDITOS DA EDIÇÃO BRASILEIRA

DIRETOR EDITORIAL Raul Maia Jr.
EDITORA EXECUTIVA Otacília de Freitas
EDITORAS ASSISTENTES Camile Mendrot
Pétula Lemos
TRADUÇÃO Claudia Cabilio
REVISÃO TÉCNICA Adalberto Wodianer Marcondes
PREPARAÇÃO DE TEXTO Carmen Costa
REVISÃO DE PROVAS Ana Paula Santos
Flávia A. Brandão
Renata Palermo
PROJETO GRÁFICO Pólen Editorial
DIAGRAMAÇÃO aeroestúdio

CRÉDITO DAS FOTOGRAFIAS
Abreviações: e-esquerda; d-direita; i-inferior; t-topo; c-centro; m-meio
7c — Colours 59/Dreamstime.com. 12me, 15t, 18te, 20id — Keith Weller/USDA. 1, 3im, 4e, 10me, 13im, 16td, 16md, 17id, 18me, 19td, 21id, 29td, 29ie — Scott Bauer/USDA. 4-5, 12td, 14im, 22-23t, 25id, 26td, 26md, 27td, 27me, 27id — Stockbyte. 18id, 21te — Corel. 3ie, 7td — Jack Dykinga/USDA. Capa,3id, 30td — Corbis. 6id, 14md — Digital Stock. 7te, 28td — Ken Hammond/USDA. 27md — Jim Pipe. 9ie — Brand X Pictures. 8td, 19ie, 28c — Tim McCabe/USDA. 9 td, 11id — Photodisc. 11te — Wolfgang Flamisch/Zefa/Corbis/LatinStock. 11me — Adrian Burke/Corbis/LatinStock. 13td — Russ Hanson/USDA. 15id, 20ie — USDA. 16md — Sandra Silvers/USDA. 19te — John Deere. 22ie — US Fish & Wildlife Service. 22md — Corbis Royalty Free. 23id — Doug Buhler/USDA. 24td, 24-25, 25ie — Peggy Greb/USDA. 26ie, 30ie — PBD. 13 ie — Fábio Colombini. 7-6t,17td,24md — Dreamstime.

Texto em conformidade com as novas regras ortográficas do novo Acordo da Língua Portuguesa

Dados Internacionais de Catalogação na Publicação (CIP)
(Câmara Brasileira do Livro, SP, Brasil)

Green, Jen
Alimentos transgênicos / Jen Green ; tradução de Claudia Cabilio. – São Paulo : DCL, 2008. – (Nosso ambiente)

Título original: *Genetically modified food*
ISBN 978-85-368-0372-2

1. Alimentos geneticamente modificados – Literatura infantojuvenil 2. Literatura infantojuvenil I. Título. II. Série.

07-9898 CDD-028.5

Índices para catálogo sistemático:
1. Alimentos transgênicos : Literatura infantojuvenil 028.5
2. Alimentos transgênicos : Literatura juvenil 028.5

1ª edição • março • 2008
2ª reimpressão • agosto • 2011

Editora DCL – Difusão Cultural do Livro
Rua Manuel Pinto de Carvalho, 80 – Bairro do Limão
CEP 02712-120 – São Paulo – SP
Tel. (0xx11) 3932-5222
www.editoradcl.com.br
dcl@editoradcl.com.br

Sumário

Introdução

Cientistas estão tentando produzir melhores cultivos usando uma ciência chamada Modificação Genética, ou MG, muito presente nos noticiários do momento. A Modificação Genética faz a mudança de genes, partes minúsculas dentro de plantas e animais. Este livro explica como a Modificação Genética funciona e para quais fins pode ser empregada.

▲▶ Plantas Geneticamente Modificadas não parecem diferentes.

Por fora, as plantas Geneticamente Modificadas, ou plantas transgênicas, tais como tomates e trigo, não tem aparência diferente e seu sabor não se mostrará necessariamente alterado. Por exemplo, tomates com um gene adicional retirado de um peixe não terá sabor "de peixe".

▼ Alimentos Geneticamente Modificados são notícia na mídia. As pessoas não concordam quanto ao grau de segurança desses alimentos.

Alimentos Geneticamente Modificados, os alimentos transgênicos, estão provocando grandes discussões atualmente. Algumas pessoas consideram esses alimentos uma invenção importante. Elas acreditam que os transgênicos ajudarão os agricultores a produzir mais alimentos.

Outras pessoas têm a preocupação de que essa nova ciência traga riscos. Algumas participam de passeatas de protesto ou destroem plantios de transgênicos, porque não querem que o cultivo desses alimentos afete outros plantios e animais das proximidades. É por esse motivo que se ouve falar muito dos transgênicos nos noticiários.

DIGA NÃO AOS TRANSGÊNICOS!

O que são alimentos transgênicos?

Dentro de cada planta e animal existem grupos de substâncias químicas chamados de genes. Os genes controlam o funcionamento e o crescimento dos organismos vivos.
Cientistas podem transformar plantas e animais alterando-lhes os genes. Chamamos isso de Modificação Genética ou MG, o que significa "mudar os genes" de alguma coisa.
Alimentos transgênicos são quaisquer alimentos com partes de plantas ou animais geneticamente modificados.

▶ Os genes fazem os animais se parecerem com seus pais.

Este filhote de zebra tem listras como sua mãe porque ela lhe passou essa característica específica por meio de seus genes. Os genes carregam instruções para características como forma, tamanho e cor. Eles permitem que os pais passem suas características para suas crias. Os genes funcionam como projetos para novos organismos vivos, indicando-lhes como crescer e se desenvolver.

◣ Estas melancias vêm de um cultivo de transgênicos.

Cientistas podem mudar os genes de plantas de muitas formas diferentes. Os genes destas melancias foram mudados para que elas amadureçam mais devagar. Isso significa que elas ficam frescas por mais tempo. Outros cultivos de transgênicos são de plantas modificadas para afastar insetos ou doenças.

▶ Muitos alimentos contêm transgênicos em sua composição.

Em alguns países é possível adquirir alimentos transgênicos, como tomates. Mas alimentos como sopas, molhos e massas também podem conter ingredientes geneticamente modificados, como, por exemplo, grãos de soja transgênicos. Alguns rótulos indicam se um produto contém ingredientes transgênicos, mas nem todos trazem essa informação.

▼ A ciência da Modificação Genética pode criar tomates mais suculentos.

Agricultores sempre tentaram produzir os melhores cultivos. A Modificação Genética é o mais recente passo nesse esforço para gerar mais alimentos. Ela é uma das ciências de uma série de novas ciências chamadas de biotecnologia. Esse novo campo permite que cientistas deem novos usos a organismos vivos, tais como remover resíduos nocivos e produzir novos medicamentos.

Como plantas e animais se desenvolvem

Plantas, animais e pessoas são feitos de unidades minúsculas chamadas de células.
Dentro de cada célula existem centenas de milhares de genes diferentes. Os genes são feitos de uma substância química conhecida como DNA. Eles controlam o crescimento das células. Quando plantas e animais se reproduzem, eles passam seus genes para suas crias. É por isso que os descendentes se assemelham a seus pais e se comportam como eles.

▲ Os genes guiam este broto em desenvolvimento.

Um carvalho jovem brota de uma semente. Suas células contêm genes com todas as informações de que ele precisa para se transformar em uma árvore alta. Seus genes encerram características como a forma de suas folhas, para que se torne um carvalho, e não em outro tipo de árvore. Graças a seus genes, um dia o carvalho adulto produzirá suas próprias sementes.

▶ Células formam organismos vivos. Há bilhões de células no seu corpo.

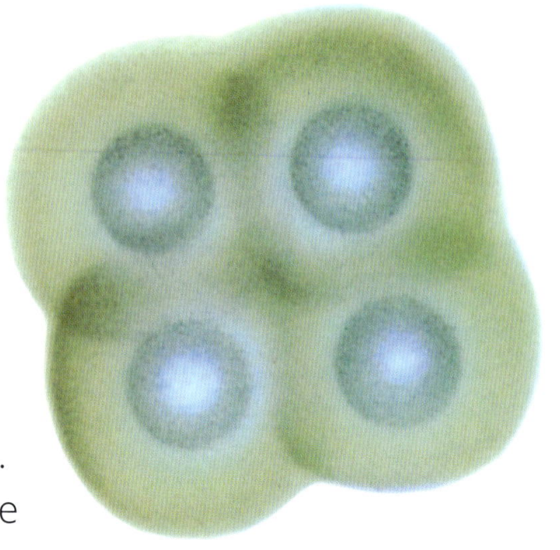

As células são as unidades básicas das quais os organismos vivos são feitos. Elas são tão minúsculas que só podem ser vistas com um microscópio potente. Organismos vivos simples, como bactérias, são formados por apenas uma célula. Plantas e animais mais complexos, incluindo seres humanos, têm bilhões de células. A maioria das células contém um núcleo, que age como um centro de controle da célula.

▼ No interior de suas células existem genes. Eles fazem com que seu cabelo seja claro ou escuro!

Os seus genes estão dentro do núcleo de cada célula em seu corpo. Eles são feitos de DNA, uma mistura de quatro substâncias químicas organizadas de formas diferentes. Dependendo de como essas quatro substâncias químicas se dispõem, elas emitem um código que controla o desenvolvimento das diferentes partes do seu corpo. Esse código permite que os genes carreguem instruções para uma característica específica, como a cor do seu cabelo ou dos seus olhos.

▼ Os genes fazem com que você se pareça com sua mãe e com seu pai.

São seus genes que lhe permitem herdar características dos seus pais – como a forma do seu nariz, por exemplo. Antes do seu nascimento, genes de seus pais se combinaram de um jeito único para formar a célula minúscula que lhe deu origem. Você herdou características tanto da sua mãe como do seu pai.
Os genes dos pais combinam-se de um jeito diferente a cada vez, e é por isso que irmãos e irmãs se parecem, mas não são idênticos.

Mudando plantas e animais

Agricultores vêm modificando cultivos e animais de criação há milhares de anos. Eles escolhem sementes dos melhores cultivos para produzir mais alimentos e fazem a reprodução de seus melhores animais. Após um longo tempo, seus rebanhos crescem ou produzem mais leite. A Modificação Genética é uma nova forma de mudar cultivos. Ela pode ajudar os agricultores a produzir ainda mais.

▲ O milho moderno tem sementes grandes e suculentas.

Você já deve ter comido milho. As primeiras plantações cresciam de maneira selvagem no México e produziam sementes pequenas. Ao longo de muitos anos, agricultores melhoraram o cultivo, selecionando as melhores sementes para produzir novas plantações. Chamamos isso de Melhoramento Genético.

▲ O trigo produzido atualmente apresenta grãos maiores.

Há milhares de anos, agricultores têm cultivado trigo por causa de seus grãos saborosos, que são moídos e reduzidos a farinha para fazer pão. As primeiras plantações de trigo produziam somente pequenos grãos. Séculos atrás, agricultores começaram a melhorar os cultivos, apanhando as sementes das melhores plantas para semeá-las no ano seguinte.

▲ Fazendeiros tentam criar animais grandes e saudáveis, como esta vaca.

Ao longo dos anos, fazendeiros também podem mudar animais, como porcos e gado, por meio da reprodução. Eles escolhem as vacas que dão a maior quantidade de leite ou carne para procriar com seus touros premiados. Os filhotes que herdam as melhores características de seus pais são usados para produzir a próxima geração. Assim, o rebanho melhora gradativamente.

▼ Plantas e animais também precisam de alimentos e água para ter um bom desenvolvimento.

As plantas necessitam de muita água e minerais nutritivos para se desenvolver adequadamente. Mesmo cultivos selecionados não se desenvolverão bem em solo seco ou pobre. Animais também precisam de alimentos e água suficientes para crescer fortes e saudáveis.

O ambiente pode mudar plantas e animais, assim como genes. Por exemplo, algumas plantas mudam no decorrer de centenas ou milhares de anos, de forma que possam se desenvolver em áreas mais secas. Dizemos, por isso, que elas evoluem.

Agricultura moderna

Os agricultores nunca produziram tantos alimentos como agora. Tratores e outras máquinas os ajudam a trabalhar bem mais depressa.
Alguns agricultores modernos adicionam produtos químicos ao solo para nutrir as plantações. Eles também usam venenos para matar pragas como, por exemplo, insetos.
Ao longo dos anos, agricultores e fazendeiros também criaram muitas plantas e animais novos.

▲ **Agricultores produzem novos tipos de maçãs.**

Agricultores aprenderam a produzir novas variedades de cultivos cruzando tipos similares de plantas. A planta resultante, chamada de híbrida, pode combinar as melhores qualidades de suas ascendentes. Por exemplo, agricultores podem cruzar uma maçã suculenta com um outro tipo de maçã que consegue ser imune a doenças.

▲ **Estas ovelhas produzem montes de lã.**

Fazendeiros também desenvolveram novos tipos de ovelhas com cruzamentos. Por exemplo, criadores de ovelhas das montanhas podem cruzar ovelhas resistentes ao frio com uma raça de pelagem espessa de outra área para produzir uma nova raça com lã mais espessa. Entretanto, o cruzamento entre raças de animais é um processo lento. Pode levar muitos anos.

▼ Muitos agricultores utilizam pesticidas em suas plantações para matar insetos.

Muitos agricultores modernos utilizam em suas lavouras venenos, chamados herbicidas, para matar ervas daninhas. Isso acontece porque as ervas daninhas retiram do solo nutrientes necessários às plantas. Muitos agricultores também utilizam pesticidas em suas lavouras. Esses venenos matam pragas como, por exemplo, insetos que comem as plantações.

▼ Um pincel é usado para produzir novos girassóis.

A maioria das plantas só pode produzir sementes depois de serem fertilizadas por pólen de uma outra planta. Chamamos isso de polinização.
Na natureza, insetos como abelhas carregam pólen de uma planta para outra. Jardineiros também podem transferir pólen das flores de uma planta para outra usando um pincel. Selecionando as plantas certas, eles podem produzir plantas híbridas como, por exemplo, os girassóis.

Por que a Modificação Genética é diferente?

Agricultores podem mudar plantas e animais pela reprodução. Mas como esse processo envolve milhares de genes, então pode demorar muito tempo para funcionar.
Os cientistas agora podem escolher genes que desempenham determinada tarefa. Eles adicionam novos genes a organismos vivos, a fim de mudá-los de formas específicas.
A Modificação Genética pode ser comparada a métodos de reprodução, porém, como toda nova ciência, precisa ser bastante testada.

◢ Agricultores levaram muitos anos para produzir tomates grandes e suculentos.

Os tomates vieram originalmente das Américas do Norte e do Sul. As primeiras plantas de tomate selvagem produziam frutos pequenos e doces do tamanho de uvas. Ao longo de muitos anos, o cruzamento produziu os tomates grandes e suculentos que comemos hoje.

▲ Os cientistas que pesquisam os transgênicos podem usar genes de animais para ajudar plantas a sobreviver a geadas.

A Modificação Genética também pode produzir mudanças em organismos vivos que jamais ocorreriam na natureza. Peixes que nadam em mares polares possuem uma substância química em seu sangue que os impede de congelar. Os cientistas poderiam adicionar o gene desses peixes às plantas. Isso poderia ajudar as plantas a sobreviver ao tempo frio e às geadas.

▲ A Modificação Genética mudou estes tomates rapidamente.

Os tomates ficam moles logo depois de colhidos, porque um gene na planta aciona uma substância química especial. Os cientistas podem mudar os genes das plantas para parar a produção dessa substância. Isso faz com que o tomate amadureça devagar, mantendo-se fresco por mais tempo. Sem a Modificação Genética, pelos processos normais de reprodução, essa mudança teria levado anos para ocorrer.

▼ A Modificação Genética pode evitar que pragas comam as lavouras.

Na América do Norte, uma praga chamada lagarta da raiz do milho pode comer plantações inteiras de milho. Os cientistas descobriram que minúsculas bactérias no solo produzem um veneno chamado Bt que mata os jovens insetos, mas não é nocivo às pessoas.

Por isso, cientistas que pesquisam os transgênicos acrescentaram o gene do veneno Bt ao milho para produzir um cultivo que fabrica o seu próprio pesticida. Métodos de produção tradicionais nunca poderiam ter alcançado tal resultado.

Como funciona a Modificação Genética?

Os cientistas que pesquisam os transgênicos pegam um gene de um organismo vivo e o colocam em outro. O novo gene pode mudar uma coisa ou outra em uma planta ou animal.
Os cientistas também podem usar a Modificação Genética para "desligar" um gene que causa um efeito por eles indesejado.
Fazem essas alterações mudando minúsculas bactérias.
Eles inserem as bactérias em plantas ou animais para mudar o seu funcionamento.

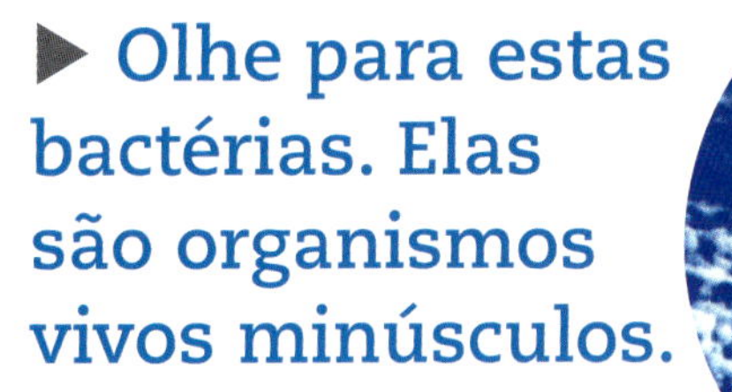

▶ Olhe para estas bactérias. Elas são organismos vivos minúsculos.

Bactérias são organismos vivos simples encontrados por toda parte, até mesmo dentro de plantas, animais e pessoas. Elas são tão pequenas que só podem ser vistas com um microscópio.
Alguns tipos de bactéria podem causar doenças, mas a maioria delas é inofensiva. Usando a Modificação Genética, os cientistas podem modificar bactérias para que elas possam infectar outras plantas com os genes alterados.

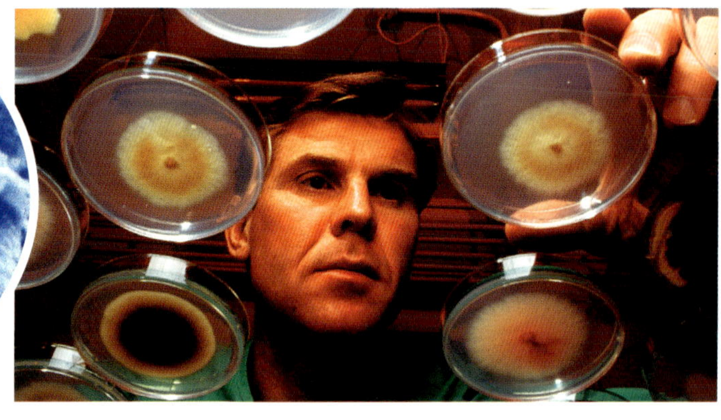

▲ As bactérias alteradas são misturadas a células de plantas em placas de Petri.

Os cientistas acrescentam bactérias a células da planta que eles querem mudar. Utilizam-se de placas de Petri que contêm uma gelatina com nutrientes que ajudarão as células da planta a crescer. As bactérias infectam as células da planta, e algumas células incorporam o gene alterado.

◀ Os cientistas que pesquisam os transgênicos primeiramente adicionam novos genes às minúsculas bactérias.

Bactérias contêm minúsculos anéis de DNA, que permitem que os genes se movam entre diferentes tipos de organismos vivos.

1 Cientistas abrem os anéis usando substâncias químicas especiais como "tesouras".

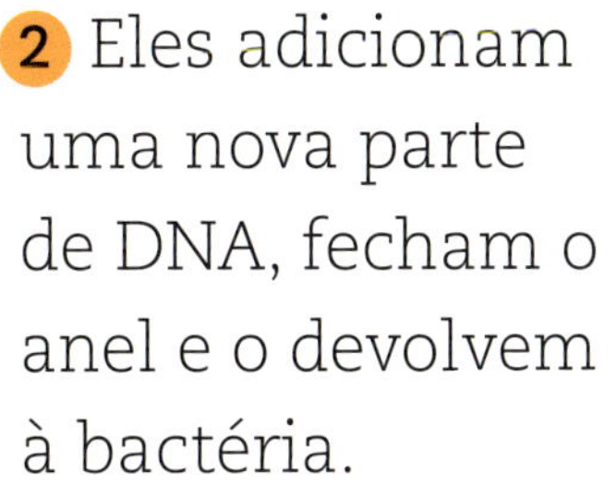

2 Eles adicionam uma nova parte de DNA, fecham o anel e o devolvem à bactéria.

3 A bactéria agora contém um gene alterado.

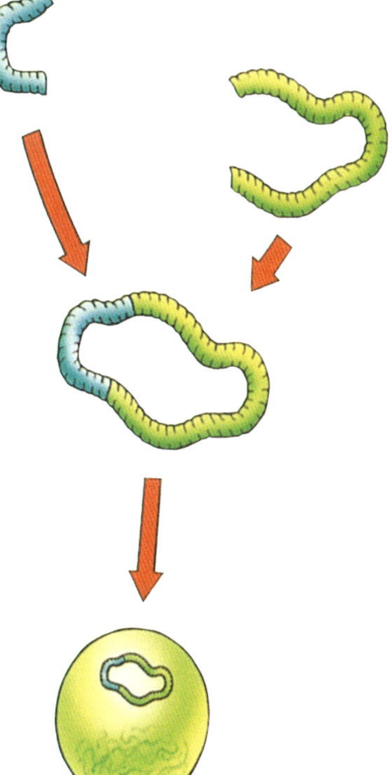

▶ Plantinhas se desenvolvem a partir das células.

Quando plantas se desenvolvem a partir das células alteradas, elas estão enraizadas em solo rico dentro de estufas. Enquanto as plantas crescem, os cientistas as testam para ver se a modificação obteve êxito.

▲ A Modificação Genética pode produzir morangos mais doces!

Um exemplo de Modificação Genética é um novo tipo de morango que produz frutas mais doces. Eles fazem isso adicionando um gene que leva a planta a produzir mais açúcar. Os cientistas adicionam o gene "doce" a bactérias. As bactérias são então misturadas com células do morangueiro em uma placa de Petri. As células de morango modificadas são assim encorajadas a crescer em morangueiros. Quando essas plantas derem frutos, eles serão testados.

O que são cultivos de transgênicos?

Milho

Soja

Canola

A ciência da Modificação Genética tem aproximadamente 30 anos, mas os cientistas ainda estão estudando novas formas de usá-la. Enquanto isso, alguns agricultores norte-americanos estão produzindo cultivos de transgênicos. Os quatro principais cultivos desse tipo de alimento são soja, milho, algodão e canola. Alguns deles podem sobreviver a herbicidas. Outros transgênicos podem sobreviver ao ataque de insetos.
Os cientistas que os pesquisam também estão trabalhando com cultivos que podem ter melhor sabor ou crescer mais rápido.

Algumas plantas transgênicas podem sobreviver a herbicidas potentes.

A canola é um cultivo usado para produzir óleo de cozinha. Os cientistas que pesquisam os transgênicos agora podem adicionar um gene a essas plantas, a fim de que elas possam resistir a herbicidas.
Isso significa que o agricultor poderia pulverizar as plantas apenas uma única vez. Ele economizaria em gastos com herbicidas, e menos substâncias químicas seriam usadas, o que é uma maneira de mostrar mais atenção com a natureza.
No entanto, há pesquisas que indicam aumento no uso de herbicidas em cultivos transgênicos.

▲ Algodão transgênico também contém um gene que mata insetos.

No passado, produtores de algodão tinham que pulverizar suas lavouras para protegê-las de insetos. O gene Bt, que protege o milho de insetos, pode também ser acrescentado ao algodão. Cultivos de algodão transgênico com o gene adicionado agora matam as pragas por si sós. Desse modo, os agricultores que produzem esses cultivos também utilizam menos substâncias químicas.

▼ Quem fabrica as sementes de transgênicos?

As sementes que se convertem em plantas transgênicas estão sendo feitas por apenas algumas poucas grandes empresas nos Estados Unidos e na Europa. A empresa que produz sementes de soja transgênica também fabrica o herbicida que pode ser usado no cultivo. Assim, ela vende o "pacote" de sementes e herbicida aos agricultores.

Transgênicos no futuro

Alguns cientistas acreditam que os transgênicos poderiam um dia pôr fim à fome, um dos maiores problemas do mundo. Eles estão tentando criar cultivos que poderiam crescer em áreas hoje secas ou frias demais para a agricultura. Mas pode levar muito tempo para que se consiga produzir esses cultivos.

▼ Cientistas poderiam usar genes desta grama para produzir milho transgênico resistente.

Cientistas que pesquisam os transgênicos estão trabalhando com o milho transgênico que pode crescer em áreas secas ou frias. Isso poderia ajudar a alimentar as populações carentes no mundo todo. Mas como as pessoas quase sempre passam fome porque não têm dinheiro para comprar os alimentos que não conseguem produzir por si mesmas, então as novas sementes têm de ser baratas para que agricultores de todas as partes possam adquiri-las.

◀ **Este solo é seco e rochoso demais para que plantios se desenvolvam bem nele.**

A cada ano, muitas pessoas de áreas pobres morrem de fome ou de doenças causadas pela falta de uma dieta saudável. O solo nessas regiões pode ser pobre ou salobro demais para a agricultura, ou pode não chover o bastante para regar as plantações.

◀ **Alimentos transgênicos, como o arroz, podem conter vitaminas.**

Em regiões carentes do mundo, algumas pessoas ficam doentes porque não consomem vitaminas suficientes em sua alimentação. Na Ásia, onde o alimento principal é o arroz, a falta de vitamina A pode causar cegueira.

Os cientistas, então, adicionaram um gene ao arroz que produz a vitamina A. Num futuro próximo, o arroz transgênico poderá proporcionar uma alimentação rica em vitaminas.

▼ **Cientistas estão criando porcos e peixes transgênicos.**

Os cientistas estão usando a Modificação Genética para fazer os animais crescerem mais e com maior rapidez. Genes de crescimento estão sendo usados em salmões, porcos e ovelhas. Outros genes são adicionados para produzir animais com menos gordura e mais carne.

A mudança de genes em animais, porém, é mais difícil que em plantas. Pouquíssimos animais transgênicos são saudáveis. Muitos dos porcos e carneiros modificados com genes humanos tiveram doenças sérias.

Natureza em perigo

Muitas pessoas supõem que alimentos transgênicos estão sendo produzidos sem a aplicação suficiente de testes. Elas se preocupam com a possibilidade de os genes de cultivos de transgênicos migrarem e causarem danos à natureza. Alguns cientistas também acreditam que cultivos de transgênicos poderiam destruir plantas selvagens ou criar ervas daninhas super-resistentes. Muitas pessoas acham que transgênicos não deveriam ser plantados até que se tenha absoluta certeza de que são seguros.

◢ Milho transgênico pode matar lagartas inofensivas.

Algumas pessoas temem que transgênicos contendo genes para matar pragas possam prejudicar insetos que não se enquadram nessa categoria. Lagartas da borboleta-monarca não se alimentam de plantações. Entretanto, testes mostraram que parte do pólen de milho transgênico pode matá-las. Esses mesmos cultivos eliminam veneno no solo, podendo prejudicar outros organismos vivos.

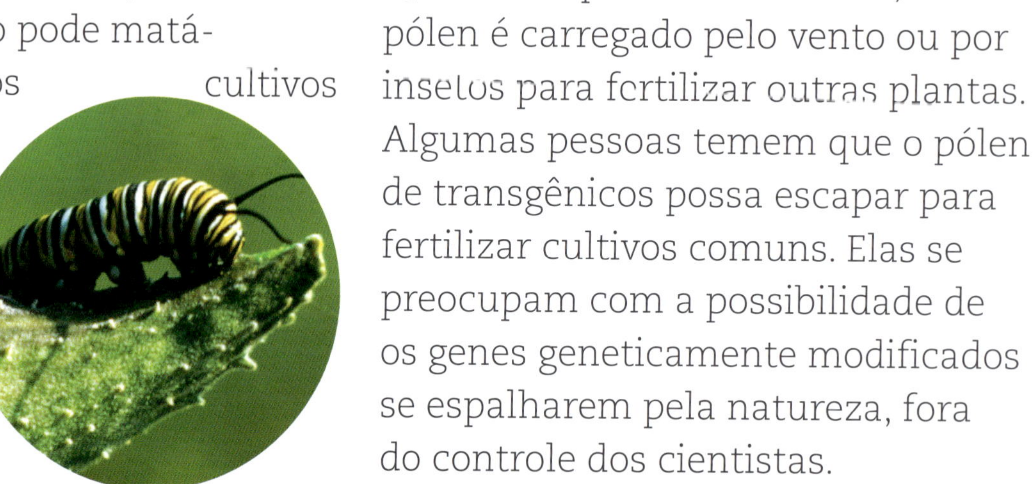

◥ Abelhas poderiam espalhar genes geneticamente modificados.

Quando as plantas florescem, o pólen é carregado pelo vento ou por insetos para fertilizar outras plantas. Algumas pessoas temem que o pólen de transgênicos possa escapar para fertilizar cultivos comuns. Elas se preocupam com a possibilidade de os genes geneticamente modificados se espalharem pela natureza, fora do controle dos cientistas.

▲ Cultivos de transgênicos poderiam prejudicar pássaros.

Veneno pulverizado em campos ou adicionado a cultivos de transgênicos entra na cadeia de alimentos. Quando insetos comem a plantação, eles absorvem o veneno. Por sua vez, ao serem comidos por animais maiores, o veneno passa para os outros. Isso significa que pássaros e outros animais também poderiam ser envenenados por cultivos de transgênicos.

▼ A Modificação Genética poderia criar "superervas daninhas".

Ao longo do tempo, espécies de ervas daninhas mudam naturalmente, para se acomodar ao seu ambiente. Elas também mudam para lidar com substâncias químicas venenosas, de forma a não mais se deixarem destruir pelo veneno. Algumas pessoas temem que, caso o gene que permite a cultivos de transgênicos lidar com herbicidas se inserisse em uma erva daninha, ele poderia até mesmo mudá-la. Isso poderia criar uma "supererva daninha" que os agricultores não conseguiriam combater com veneno. Esta foto mostra como ervas daninhas resistentes podem prejudicar plantações de milho.

Preocupações com a saúde

Existem opiniões diferentes sobre alimentos transgênicos e nossa saúde. Quando cientistas que pesquisam os transgênicos criam um novo cultivo, eles fazem testes para descobrir se o alimento é seguro. Alguns cientistas acham que testes mais aprofundados são necessários. Se os transgênicos realmente fazem com que as pessoas adoeçam, é possível que leve muitos anos até que venhamos a saber o motivo. É mais seguro realizar testes durante um período prolongado.

▶ Grãos de soja transgênica poderiam deixar algumas pessoas doentes.

Alimentos como nozes nos fazem bem, mas eles podem causar reações, conhecidas como alergias. Quando algumas pessoas comem esses alimentos, elas ficam doentes. Nos anos 1990, cientistas inseriram o gene de um tipo de noz em plantações de soja, para tornar o cultivo mais nutritivo. Entretanto, testes mostraram que pessoas alérgicas a nozes poderiam reagir mal à soja. Então os experimentos foram suspensos.

Alimentos transgênicos são testados em animais como bagres.

Uma das formas de testar alimentos transgênicos é dá-los de comer a ratos, peixes ou galinhas. Se os animais apresentarem reações adversas, é bem provável que o mesmo ocorra com pessoas. Em um teste, ratos que se alimentaram de batatas transgênicas tiveram suas entranhas lesadas. Em um outro teste, porcos que receberam um gene para fazê-los crescer mais rápido desenvolveram problemas nos ossos.

Batatas transgênicas poderiam ser melhores para o nosso consumo.

Os cientistas estão testando alimentos transgênicos que podem ser melhores para nós que alimentos comuns. Por exemplo, a ciência da Modificação Genética poderia criar uma batata com menos amido, a qual absorveria menos gordura quando frita, tornando-se mais saudável.

Mas alguns cientistas estão preocupados com esses produtos "saudáveis". Eles acham que é mais seguro comer alimentos realmente saudáveis – e menos batatas fritas!

No supermercado

Alimentos transgênicos estão à venda em supermercados. Nos Estados Unidos, você pode comprar tomates transgênicos. Na Europa, alimentos como sopas, massas e molhos podem conter ingredientes transgênicos. Alimentos transgênicos precisam ter rótulos com informações muito claras, de forma que as pessoas possam escolher se querem comprá-los ou não.

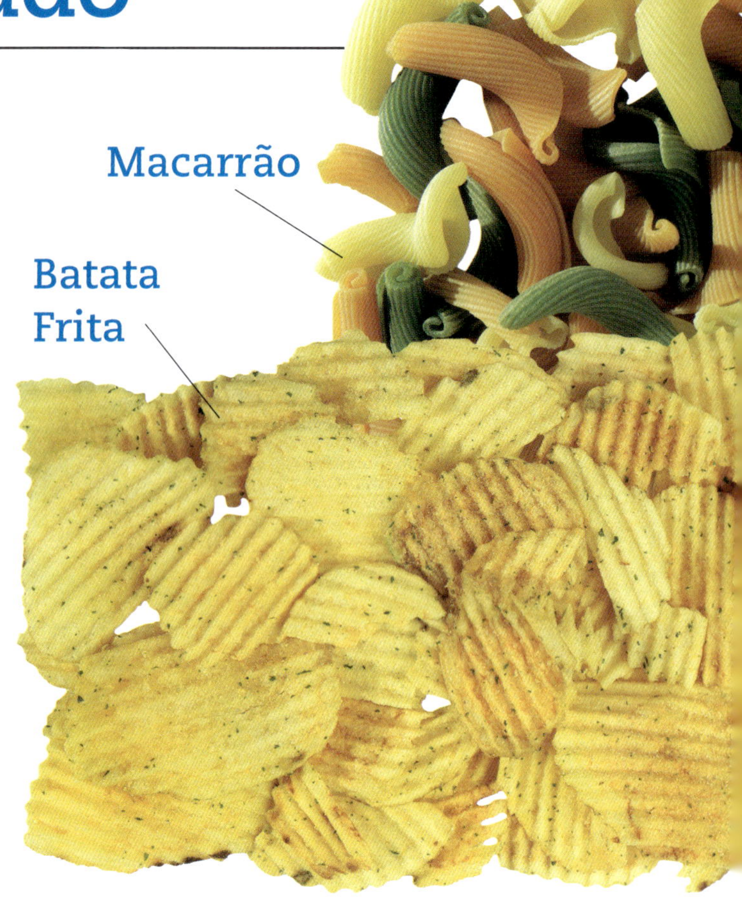

▲ Batatas fritas e pizzas podem conter canola ou soja transgênica.

Mais da metade de todos os alimentos vendidos nos supermercados dos Estados Unidos contém algum ingrediente com Modificação Genética. Soja transgênica é usada para fazer pães, biscoitos, pizzas e massas. Óleo de cozinha, batatas fritas e margarina podem conter canola transgênica. Já na Europa, muitos supermercados pararam de vender alimentos transgênicos.

▼ Você pode comprar frutas transgênicas?

Nos Estados Unidos, você pode encontrar tomates que demoram mais para amadurecer e outros transgênicos nos supermercados. A maioria dos supermercados europeus não vende frutas ou verduras transgênicas, mas eles podem vender carne de animais que tenham sido alimentados com transgênicos.

▲ **A maioria dos queijos é feita mediante a utilização de uma substância química criada pela Modificação Genética.**

Se alimentos transgênicos forem rotulados de forma clara, poderemos escolher se queremos comprá-los ou não. Na Europa, todos os produtos contendo mais de 1% de transgênicos devem ter etiquetas que forneçam essa informação. Outros alimentos usam a ciência da Modificação Genética, mas não ingredientes transgênicos. A maioria dos queijos, por exemplo, contém substâncias químicas feitas por bactérias transgênicas.

▼ **Observe os rótulos dos alimentos em sua despensa.**

Quando chegar em casa, verifique os rótulos dos alimentos na geladeira ou despensa para constatar se eles contêm ingredientes transgênicos. Na verdade, não são muitos os rótulos de alimentos que apresentam seus ingredientes transgênicos. Mas muitos produtos doces, incluindo chocolate e sorvete, contêm soja transgênica, assim como os cereais e alguns alimentos para bebês.

Precisamos de transgênicos?

A ciência da Modificação Genética veio para ficar. Mas as pessoas discordam sobre quando os transgênicos deveriam começar a ser cultivados. Algumas pessoas acham que alimentos transgênicos não deveriam ser vendidos em supermercados. Um número maior de pessoas está comprando alimentos cultivados com métodos simples. Elas acreditam que cultivar transgênicos não é a melhor maneira de alimentar o mundo.

▶ Tratores e outras máquinas agrícolas podem ajudar agricultores pobres.

Apoiadores da Modificação Genética dizem que cultivos de transgênicos ajudarão a alimentar o mundo no futuro. Mas muitas pessoas consideram que há outros meios de resolver a fome mundial. Por exemplo, países ricos podem ajudar os mais pobres fornecendo equipamentos e treinamento. Melhor gestão das terras e dos recursos hídricos pode também contribuir para a produção de mais alimentos.

◥ Estes morangos podem crescer sem terra.

Hidroponia é um método de cultivo sem solo. Os plantios são mantidos com água contendo todos os minerais de que precisam para se desenvolver. Essa técnica poderia ser usada para cultivo em lugares onde há muita água mas o solo é pobre. Haveria, assim, menos necessidade de plantar transgênicos nesses lugares.

▼ Agricultores orgânicos cultivam alimentos usando métodos naturais.

Agricultores orgânicos cultivam plantas sem usar herbicidas artificiais. Eles alimentam seus campos com esterco e composto em lugar de fertilizantes químicos. Em vez de pulverizar suas plantações para controlar pragas, eles podem encorajar insetos que comem pragas, por exemplo, as joaninhas.
Muitas pessoas acham que alimentos cultivados com métodos naturais são melhores para nosso consumo que os transgênicos.

▼ Descubra mais! Esta cientista está cultivando pessegueiros e macieiras transgênicas.

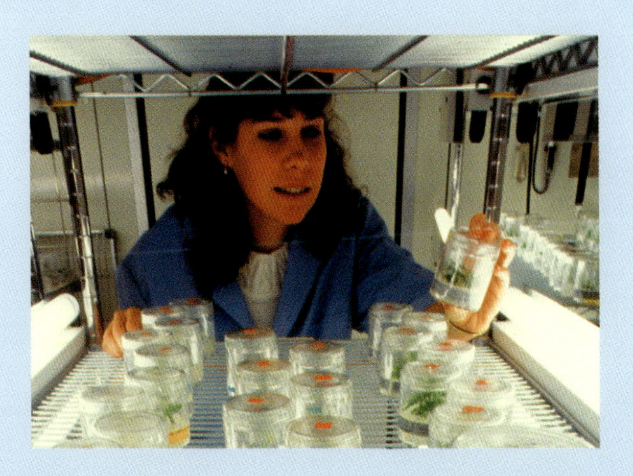

Se você quer saber mais sobre alimentos transgênicos, acesse estes *sites*:

Idec esclarece suas dúvidas sobre rotulagem de transgênicos
http://www.adocontb.org.br/index.php?codwebsite=&codpagina=00008286
Com Ciência – Reportagem especial – O Alarde dos Transgênicos
http://www.comciencia.br/reportagens/transgenicos/trans01.htm
Greenpeace
http://www.greenpeace.org.br/transgenicos/
Campanha Brasil Livre de Transgênicos
http://www.syntonia.com/textos/textosnatural/textosagricultura/apostilatransgenicos/
Vantagens dos transgênicos
http://www.cei.santacruz.g12.br/~transxorg/transvantagens.htm
Repórter Terra – Conheça as razões de quem defende os transgênicos
http://www.terra.com.br/reporterterra/transgenicos/defensores.htm
Instituto Akatu pelo Consumo Consciente
http://www.akatu.org.br/

Você decide!

Muitas pessoas têm opiniões firmes sobre alimentos transgênicos. Algumas acham que o cultivo de transgênicos é um avanço na agricultura.
Outras consideram que os riscos, tanto para pessoas como para a natureza, são muito grandes.
Descubra mais sobre transgênicos e converse sobre o assunto com seus amigos. Então, forme sua opinião.

1. Quando você está comendo transgênicos?

Nem sempre é fácil saber, mas procure por alimentos transgênicos no supermercado do seu bairro. A lei sobre rotulagem de transgênicos entrou em vigor em 2004. Todos os alimentos que contêm pelo menos 1% de transgênicos devem notificar isso na embalagem. Restaurantes também devem informar quando estiverem usando alimentos que contenham transgênicos. Por exemplo, suas batatas fritas podem estar sendo fritas em óleo feito de milho ou soja transgênica.

◀ 2. Converse sobre Modificação Genética com seus colegas.

A Modificação Genética está atualmente na mídia. Idéias sobre o assunto variam de país para país. Preste atenção nas novas informações sobre o tema. Você pode descobrir mais pesquisando na internet e em livros. Pergunte ao seu professor se vocês podem organizar debates sobre Modificação Genética na escola.

A FAVOR	CONTRA
Modificação Genética pode ajudar agricultores a produzir mais alimentos.	Cultivos de transgênicos podem afetar a natureza.

Acrescente seus próprios argumentos a favor e contra.

▲ 3. Escreva uma lista de pontos a favor e outra contra alimentos transgênicos.

Para fazer listas de pontos a favor e contra os alimentos transgênicos, desenhe uma linha no meio de uma folha de papel. De um lado, liste as coisas boas sobre eles, e do outro, os inconvenientes. Tire sua própria conclusão sobre Modificação Genética.

Glossário

Bactérias – seres vivos minúsculos que são encontrados por toda parte.

Células – as unidades minúsculas das quais os organismos vivos são feitos.

DNA – uma molécula encontrada dentro das células, formada por quatro substâncias químicas.

Evolução – quando um tipo específico de planta ou animal muda devagar ao longo de muitas gerações, para beneficiar seu ambiente.

Gene – uma parte do DNA que carrega instruções para uma característica herdada específica, como, por exemplo, a cor do cabelo.

MG – Modificação Genética: o processo de mudar os genes de organismos vivos, para que eles se desenvolvam de forma diferente.

Alimentos geneticamente modificados (transgênicos) – alimentos que contêm sementes que foram alteradas usando a ciência da Modificação Genética.

Agricultura orgânica – um método de agricultura que não usa produtos químicos para matar ervas daninhas ou pragas.

Pesticida – um veneno usado para matar pragas, tais como insetos.

Espécie – um tipo único de planta, animal ou outro organismo vivo.

Índice remissivo